암산급수

대한암산수학연구소

KB220831

11급

세광m

걸린시간 : _____ 분 _____ 초

1	2	3	4	5
5 3 0 1	2 0 2 5	1 5 1 0	6 1 2 0	1 0 5 1

6	7	8	9	10
7 1 0 1	1 1 1 5	6 2 0 1	2 5 1 0	5 1 2 1

점 수		확 인	

걸린시간 : _____ 분 _____ 초

1	2	3	4	5
6	1	8	7	2
3	5	-3	2	5
-2	3	1	-4	2
1	-2	2	3	-3

6	7	8	9	10
3	5	4	9	7
1	3	-3	-4	1
5	-1	8	2	-5
-4	1	0	2	1

점수		확인	

걸린시간 : _____ 분 _____ 초

1	2	3	4	5
3	1	5	8	6
5	8	4	-7	3
-6	-8	-6	1	-5
7	5	5	5	5

6	7	8	9	10
2	7	4	9	7
6	1	5	-7	2
-5	-6	-8	6	-9
6	7	6	1	6

점수		확인	

걸린시간 : _____ 분 _____ 초

1	2	3	4	5
1	5	6	2	3
2	2	1	5	0
0	1	0	1	5
5	1	1	1	1

6	7	8	9	10
2	1	5	3	6
1	7	0	1	2
6	1	3	5	1
0	0	1	0	0

점수		확인	

걸린시간 : _____ 분 _____ 초

1	2	3	4	5
2	1	3	5	6
6	7	6	2	2
1	-3	-2	-1	1
-4	4	1	1	-3

6	7	8	9	10
4	7	5	8	3
5	2	1	-1	5
-2	-4	3	0	-2
1	1	-4	2	1

점수		확인	

걸린시간 : _____ 분 _____ 초

1	2	3	4	5
5	9	8	7	6
4	-8	1	1	3
-7	5	-6	-5	-9
6	3	5	6	7

6	7	8	9	10
2	5	3	7	1
5	1	6	2	8
-6	-5	-7	-8	-9
5	8	5	6	4

점수		확인	

걸린시간 : _____ 분 _____ 초

1	2	3	4	5
2	5	6	1	3
6	1	0	6	5
0	1	2	0	0
1	0	1	1	1

6	7	8	9	10
2	6	1	3	5
5	0	5	5	2
2	1	0	1	0
0	2	1	0	1

점수		확인	

걸린시간 : _____ 분 _____ 초

1	2	3	4	5
2	6	1	8	5
5	3	8	0	2
2	-2	-3	-1	1
-4	1	1	2	-3

6	7	8	9	10
9	2	7	1	2
-4	6	2	5	7
2	-2	-3	3	-1
2	1	1	-2	1

점수		확인	

걸린시간 : _____ 분 _____ 초

1	2	3	4	5
6	9	8	5	2
3	-6	-5	4	7
-7	1	0	-8	-9
6	5	6	5	8

6	7	8	9	10
3	8	7	1	6
5	1	2	8	3
-6	-9	-9	-5	-7
7	6	6	5	5

점수		확인	

걸린시간 : _____ 분 _____ 초

1	2	3	4	5
2	1	5	3	5
5	0	2	0	1
1	7	1	5	2
0	1	0	1	0

6	7	8	9	10
6	2	1	2	7
1	1	2	1	1
1	5	0	1	0
0	1	5	5	1

점수		확인	

걸린시간 : _____ 분 _____ 초

1	2	3	4	5
1	2	5	6	3
3	7	2	2	1
5	-4	1	-1	5
-3	3	-1	2	-4

6	7	8	9	10
7	8	3	5	9
1	-3	6	2	-4
1	1	-4	2	0
-4	1	1	-1	2

점 수		확 인	

걸린시간 : _____ 분 _____ 초

1	2	3	4	5
2	8	3	5	6
7	-7	5	3	2
-8	6	-6	-5	-7
6	1	5	6	8

6	7	8	9	10
3	7	1	7	4
6	1	5	-6	5
-8	-7	-5	7	-9
7	6	8	1	6

점수		확인	

걸린시간 : _____ 분 _____ 초

1	2	3	4	5
3	5	6	3	1
5	1	1	0	3
1	2	0	1	5
0	1	1	5	0

6	7	8	9	10
2	6	7	2	3
1	0	0	5	1
0	2	1	1	0
5	1	1	1	5

점수		확인	

걸린시간 : _____ 분 _____ 초

1	2	3	4	5
7	2	1	5	3
2	5	8	3	6
-2	2	-3	-1	-2
0	-4	1	2	1

6	7	8	9	10
6	4	1	8	5
3	-3	5	1	3
-4	8	3	-2	-1
1	0	-1	2	1

점수

확인

걸린시간 : _____ 분 _____ 초

1	2	3	4	5
3	1	7	4	6
5	6	2	5	3
-7	-5	-6	-8	-7
6	7	5	7	7

6	7	8	9	10
5	8	2	9	5
2	1	7	-8	3
-6	-5	-9	5	-7
7	5	6	3	6

점수	확인

걸린시간 : _____ 분 _____ 초

1	2	3	4	5
2	1	2	6	5
1	2	1	0	2
1	5	5	2	1
5	1	0	1	0

6	7	8	9	10
7	1	6	5	1
1	5	1	2	2
0	0	1	0	1
1	1	1	1	5

점수		확인	

걸린시간 : _____ 분 _____ 초

1	2	3	4	5
6	2	3	8	5
1	6	1	-3	2
2	-3	5	0	-1
-2	2	-4	2	1

6	7	8	9	10
1	2	7	5	3
8	6	1	3	5
-3	1	-3	-1	-2
2	-4	2	1	1

점수		확인	

걸린시간 : _____ 분 _____ 초

1	2	3	4	5
2	1	4	7	8
5	7	5	2	1
-6	-5	-7	-8	-8
5	6	6	5	7

6	7	8	9	10
3	5	6	1	6
6	4	-5	5	3
-7	-6	7	2	-9
7	5	1	-6	6

점수		확인	

걸린시간 : _____ 분 _____ 초

1	2	3	4	5
6	5	2	3	2
0	2	2	1	1
1	1	5	0	1
1	1	0	5	0

6	7	8	9	10
1	7	1	6	1
2	1	3	1	1
0	1	0	1	2
5	0	5	0	5

점수

확인

걸린시간 : _____ 분 _____ 초

1	2	3	4	5
7	5	3	6	8
2	1	6	3	1
-4	2	-2	-1	-3
3	-3	1	1	1

6	7	8	9	10
5	2	1	7	3
4	7	3	2	-2
-1	-2	5	-3	5
1	1	-4	1	2

점수		확인	

걸린시간 : _____ 분 _____ 초

1	2	3	4	5
1	6	1	3	7
8	1	8	6	1
-6	-5	-9	-7	-6
5	7	5	6	5

6	7	8	9	10
8	3	5	2	9
-5	5	3	7	-7
1	-6	-7	-8	5
5	5	2	6	1

점수		확인	

걸린시간 : _____ 분 _____ 초

1	2	3	4	5
1	3	5	6	2
1	1	2	1	2
5	5	1	1	0
0	0	0	1	5

6	7	8	9	10
5	1	2	1	1
1	5	1	2	2
2	2	1	1	0
1	0	5	5	1

점수		확인	

걸린시간 : _____ 분 _____ 초

1	2	3	4	5
5	2	6	5	1
4	6	3	1	8
-2	1	-1	2	-4
1	-4	1	-2	2

6	7	8	9	10
2	8	3	7	6
1	1	5	1	3
5	0	1	-2	-2
-1	-4	-3	1	2

점수		확인	

걸린시간 : _____ 분 _____ 초

1	2	3	4	5
8	1	9	3	7
-7	5	-6	6	2
0	-5	1	-8	-9
5	6	5	5	8

6	7	8	9	10
3	7	4	2	6
6	-6	5	6	2
-7	0	-8	-5	-6
7	8	7	6	5

점수

확인

걸린시간 : _____ 분 _____ 초

1	2	3	4	5
3	6	1	2	3
5	1	2	5	0
1	0	5	0	1
0	1	0	1	5

6	7	8	9	10
5	2	6	1	3
1	1	0	1	1
1	5	1	2	0
1	1	1	5	5

점수

확인

걸린시간 : _____ 분 _____ 초

1	2	3	4	5
2	5	1	6	7
1	4	7	3	-2
5	-2	1	-4	1
-1	2	-3	2	2

6	7	8	9	10
3	7	5	1	8
6	2	2	5	1
-2	-4	2	3	-3
1	2	-3	-1	2

점수		확인	

걸린시간 : _____ 분 _____ 초

1	2	3	4	5
7	5	8	1	3
-6	4	-7	6	5
7	-8	1	-5	-7
1	6	5	7	6

6	7	8	9	10
2	6	9	2	1
7	3	-7	7	8
-8	-9	1	-5	-6
5	6	5	5	5

점수		확인	

걸린시간 : _____ 분 _____ 초

1	2	3	4	5
1	2	5	2	3
0	1	1	0	1
5	6	0	1	5
1	0	3	5	0

6	7	8	9	10
6	1	2	1	5
1	7	2	6	0
1	1	5	0	3
0	1	0	1	1

점수		확인	

걸린시간 : _____ 분 _____ 초

1	2	3	4	5
1	5	2	3	9
6	4	5	1	-3
2	-1	2	5	2
-3	1	-4	-2	1

6	7	8	9	10
6	3	7	8	5
2	6	1	1	3
-3	-1	-1	-4	-1
1	1	2	1	2

점
수

확
인

걸린시간 : _____ 분 _____ 초

1	2	3	4	5
5	3	4	9	8
3	6	5	-8	1
-7	-5	-6	0	-7
6	5	6	5	6

6	7	8	9	10
2	1	6	7	5
5	8	2	2	4
-6	-7	-5	-8	-9
8	5	6	5	8

점수

확인

걸린시간 : _____ 분 _____ 초

1	2	3	4	5
6	2	5	1	2
0	0	3	2	5
2	5	0	5	1
1	1	1	0	1

6	7	8	9	10
2	5	1	5	1
1	0	0	1	0
0	1	7	1	5
6	2	1	0	2

점수		확인	

2교시

걸린시간 : _____ 분 _____ 초

1	2	3	4	5
6	1	7	5	2
3	2	2	1	6
-2	5	-4	2	-1
1	-1	1	-3	2

6	7	8	9	10
6	5	2	1	3
1	4	7	8	6
-2	-3	-3	-2	-4
1	1	2	1	2

점수		확인	

걸린시간 : _____ 분 _____ 초

1	2	3	4	5
5	1	6	4	7
2	5	3	5	-5
-6	-5	-8	-7	0
8	6	5	7	6

6	7	8	9	10
2	6	3	8	7
6	3	5	-5	1
-7	-9	-6	0	-8
5	8	5	6	8

점수		확인	

걸린시간 : _____ 분 _____ 초

1	2	3	4	5
1	5	2	5	6
3	1	1	1	2
0	2	6	1	1
5	0	0	1	0

6	7	8	9	10
2	1	7	5	3
1	1	1	1	5
0	6	0	0	0
5	0	1	1	1

점
수

확
인

걸린시간 : _____ 분 _____ 초

1	2	3	4	5
7	1	2	6	5
2	5	5	2	3
-4	3	2	-2	-1
3	-1	-3	1	1

6	7	8	9	10
8	3	6	8	7
1	1	3	-3	1
-4	5	-1	1	-5
2	-2	1	1	1

점수		확인	

걸린시간 : _____ 분 _____ 초

1	2	3	4	5
6	7	2	5	1
1	2	5	3	7
-5	-8	-6	-7	-5
5	8	7	5	6

6	7	8	9	10
3	8	7	4	7
6	-7	1	5	-5
-8	0	-6	-9	6
7	5	5	6	1

점수		확인	

걸린시간 : _____ 분 _____ 초

1	2	3	4	5
5	2	1	2	3
0	5	0	5	1
2	1	6	1	0
1	1	2	0	5

6	7	8	9	10
6	1	2	5	1
1	7	1	2	1
1	0	5	0	0
0	1	0	2	5

점수

확인

걸린시간 : _____ 분 _____ 초

1	2	3	4	5
1	4	2	8	5
8	-3	5	1	1
-2	8	2	-3	2
1	0	-4	1	-1

6	7	8	9	10
3	1	2	6	7
6	7	6	1	2
-4	1	-1	-2	-4
2	-3	2	1	2

점 수		확 인	

제한시간 : 3분

걸린시간 : _____ 분 _____ 초

1	2	3	4	5
8	2	5	1	3
1	6	1	8	5
-5	-7	-5	-8	-6
5	6	8	5	7

6	7	8	9	10
6	9	7	4	8
2	-6	2	5	-5
-7	5	-9	-8	0
5	1	6	8	6

점수		확인	

걸린시간 : _____ 분 _____ 초

1	2	3	4	5
6	2	5	1	5
0	5	1	2	0
2	0	2	0	1
1	1	1	6	1

6	7	8	9	10
3	1	2	7	2
0	5	5	0	0
5	0	2	1	1
1	1	0	1	5

점수
확인

걸린시간 : _____ 분 _____ 초

1	2	3	4	5
2	4	5	7	1
7	-3	1	1	5
-2	7	3	-3	3
1	0	-1	1	-2

6	7	8	9	10
8	3	2	6	5
1	6	1	1	4
-4	-3	5	2	-1
2	2	-1	-2	1

점수		확인	

걸린시간 : _____ 분 _____ 초

1	2	3	4	5
5	1	7	3	8
4	7	-6	6	-7
-7	-5	8	-8	2
5	5	0	5	5

6	7	8	9	10
9	6	2	5	4
-8	1	7	3	5
5	-5	-9	-7	-6
3	6	7	6	5

점수		확인	

걸린시간 : _____ 분 _____ 초

1	2	3	4	5
2	5	2	5	6
1	3	1	1	2
5	0	1	0	1
1	1	0	1	0

6	7	8	9	10
5	1	3	1	2
3	2	1	0	5
0	5	5	5	1
1	0	0	1	1

점수

확인

걸린시간 : _____ 분 _____ 초

1	2	3	4	5
3	1	2	9	5
1	6	2	-4	3
5	2	5	2	-1
-4	-1	-3	2	1

6	7	8	9	10
3	5	3	2	7
6	3	-2	1	2
-4	-1	5	5	-3
1	2	2	-3	1

점수		확인	

걸린시간 : _____ 분 _____ 초

1	2	3	4	5
2	7	5	8	3
5	-5	4	1	6
-6	6	-8	-7	-9
5	1	6	6	5

6	7	8	9	10
6	4	2	9	7
2	5	5	-7	-6
-5	-8	-6	5	0
6	7	5	1	8

점수		확인	

걸린시간 : _____ 분 _____ 초

1	2	3	4	5
2	1	5	3	6
5	0	1	5	1
1	6	1	0	1
0	2	0	1	1

6	7	8	9	10
1	2	6	5	2
2	5	1	0	0
0	2	1	3	1
5	0	0	1	5

점수 | 확인 |

걸린시간 : _____ 분 _____ 초

1	2	3	4	5
2	5	1	6	4
5	2	8	2	-3
1	2	-3	1	0
-2	-1	1	-4	8

6	7	8	9	10
5	8	9	7	2
1	1	0	1	6
2	-3	-2	1	1
-1	2	1	-4	-2

점수

확인

걸린시간 : _____ 분 _____ 초

1	2	3	4	5
7	2	8	3	4
1	6	-7	5	5
-6	-5	3	-6	-8
7	5	5	7	6

6	7	8	9	10
5	1	6	9	5
2	6	3	-8	3
-6	-5	-9	1	-7
5	7	8	5	6

점수		확인	

걸린시간 : _____ 분 _____ 초

1	2	3	4	5
5	2	1	6	7
1	1	5	0	1
2	0	0	1	0
1	5	3	1	1

6	7	8	9	10
1	5	3	2	6
0	1	5	0	0
7	1	1	1	1
1	2	0	1	2

점수

확인

걸린시간 : _____ 분 _____ 초

1	2	3	4	5
3	2	1	5	6
6	5	7	3	1
-2	2	1	-1	2
1	-4	-3	1	-3

6	7	8	9	10
7	3	8	1	9
2	-2	-1	3	-4
-3	5	0	5	2
1	2	2	-3	2

점수		확인	

걸린시간 : _____ 분 _____ 초

1	2	3	4	5
4	3	5	2	1
5	6	1	7	7
-7	-8	-5	-6	-7
5	6	8	5	5

6	7	8	9	10
8	6	1	7	3
-5	2	8	2	5
5	-7	-9	-8	-7
1	5	8	6	5

점수		확인	

걸린시간 : _____ 분 _____ 초

1	2	3	4	5
2	1	7	5	6
2	2	0	1	1
5	5	1	1	1
0	0	1	0	0

6	7	8	9	10
3	1	2	1	6
0	0	6	5	2
5	2	1	0	0
1	5	0	2	1

점수		확인	

걸린시간 : _____ 분 _____ 초

1	2	3	4	5
2	7	9	3	8
2	2	0	1	1
5	-4	-2	5	-2
-1	2	1	-3	1

6	7	8	9	10
2	6	1	5	3
6	2	6	4	6
-1	-2	2	-3	-4
1	1	-4	1	2

점수		확인	

걸린시간 : _____ 분 _____ 초

1	2	3	4	5
6	7	9	8	4
-5	1	-6	1	5
0	-6	5	-7	-8
8	5	1	6	5

6	7	8	9	10
7	3	2	1	5
-6	5	7	5	4
0	-7	-9	-5	-8
7	8	6	7	5

점수		확인	

걸린시간 : _____ 분 _____ 초

1	2	3	4	5
1	5	2	6	7
7	0	5	0	1
0	2	0	1	0
1	1	2	1	1

6	7	8	9	10
5	2	1	3	5
0	1	6	1	1
3	5	0	0	1
1	0	1	5	2

점 수		확 인	

걸린시간 : _____ 분 _____ 초

1	2	3	4	5
2	1	9	5	3
6	3	-4	3	6
-1	5	2	1	-1
1	-3	2	-2	1

6	7	8	9	10
3	8	1	7	6
1	1	2	2	1
5	-3	6	-2	2
-4	1	-1	1	-3

점수		확인	

걸린시간 : _____ 분 _____ 초

1	2	3	4	5
3	7	2	1	6
6	-6	5	7	3
-7	1	-5	-6	-8
5	7	7	5	6

6	7	8	9	10
4	9	5	6	8
5	-6	4	3	-5
-7	1	-8	-9	0
7	5	6	5	6

점 수		확 인	

걸린시간 : _____ 분 _____ 초

1	2	3	4	5
1	2	5	6	2
2	0	2	1	0
0	1	1	1	5
5	6	1	0	1

6	7	8	9	10
5	2	6	1	2
2	1	0	2	2
1	5	2	1	5
0	1	1	5	0

점
수

확
인

걸린시간 : _____ 분 _____ 초

1	2	3	4	5
2	1	4	3	9
6	3	5	6	0
1	5	-2	-4	-2
-4	-4	1	2	1

6	7	8	9	10
8	5	2	3	1
1	3	2	-1	3
-4	1	5	5	5
1	-4	-2	1	-3

점수		확인	

걸린시간 : _____ 분 _____ 초

1	2	3	4	5
6	5	1	3	2
3	4	6	5	6
-7	-8	-6	-5	-7
6	5	7	6	5

6	7	8	9	10
8	9	7	4	6
-6	-8	2	5	-5
5	0	-7	-9	5
2	6	5	8	1

점수

확인

걸린시간 : _____ 분 _____ 초

1	2	3	4	5
2	5	3	1	6
5	1	1	5	0
1	0	0	0	1
1	1	5	2	2

6	7	8	9	10
5	7	2	1	7
1	1	6	5	0
0	0	1	0	1
2	1	0	1	1

점수		확인	

걸린시간 : _____ 분 _____ 초

1	2	3	4	5
8	2	5	1	8
1	1	1	2	1
-4	6	3	5	-3
0	-3	-1	-2	1

6	7	8	9	10
7	6	1	2	9
2	2	6	5	-4
-3	1	2	2	2
1	-4	-3	-1	2

점수		확인	

걸린시간 : _____ 분 _____ 초

1	2	3	4	5
7	4	6	2	5
-6	5	1	7	3
5	-7	-5	-8	-6
1	6	5	6	7

6	7	8	9	10
3	1	6	8	2
6	7	3	1	5
-7	-5	-9	-8	-6
5	6	7	5	8

점수		확인	

걸린시간 : _____ 분 _____ 초

1	2	3	4	5
2	1	5	6	2
5	5	0	1	5
2	1	3	0	0
0	2	1	2	1

6	7	8	9	10
2	7	5	1	2
1	0	2	1	6
0	1	0	2	0
1	1	1	5	1

점수		확인	

2교시

걸린시간 : _____ 분 _____ 초

1	2	3	4	5
3	1	2	6	4
6	5	1	3	-1
-2	3	5	-4	0
1	-1	-3	2	5

6	7	8	9	10
5	7	9	3	2
4	2	0	1	1
-2	-3	-2	5	6
1	2	1	-4	-1

점
수

확
인

걸린시간 : _____ 분 _____ 초

1	2	3	4	5
2	3	1	4	8
6	5	6	5	1
-5	-7	-6	-8	-9
5	6	8	5	7

6	7	8	9	10
5	6	7	9	1
2	-5	1	-8	8
-6	2	-7	7	-7
5	5	8	1	6

점수		확인	

걸린시간 : _____ 분 _____ 초

1	2	3	4	5
1	5	2	3	6
7	0	5	0	0
0	2	1	5	1
1	1	1	1	1

6	7	8	9	10
5	2	6	1	5
1	1	0	6	0
1	5	2	0	1
2	0	1	1	1

점수		확인	

2교시

걸린시간 : _____ 분 _____ 초

1	2	3	4	5
2	5	1	3	8
6	3	8	1	−1
1	−1	−2	5	0
−3	1	1	−2	2

6	7	8	9	10
6	4	9	2	7
2	5	0	2	2
−2	−1	−3	5	−4
1	1	1	−4	3

점수		확인	

걸린시간 : _____ 분 _____ 초

1	2	3	4	5
3	5	2	7	6
6	1	7	-6	2
-8	-5	-7	0	-7
5	7	6	8	5

6	7	8	9	10
8	1	8	4	2
-7	5	-5	5	5
5	-6	0	-9	-6
1	8	6	6	7

점수		확인	

걸린시간 : _____ 분 _____ 초

1	2	3	4	5
2	1	5	6	3
1	0	2	0	1
0	5	1	1	5
6	1	1	2	0

6	7	8	9	10
6	2	7	1	5
1	1	0	0	2
0	0	1	6	2
2	5	1	1	0

점수		확인	

걸린시간 : _____ 분 _____ 초

1	2	3	4	5
5	2	1	3	6
2	7	7	6	2
-1	-2	1	-3	-1
1	1	-4	2	1

6	7	8	9	10
8	1	4	7	9
1	5	-3	1	-4
-3	2	0	-2	0
1	-1	8	1	3

점 수		확 인	

걸린시간 : _____ 분 _____ 초

1	2	3	4	5
5	1	6	7	3
3	7	−5	2	5
−7	−6	0	−8	−5
6	5	8	5	6

6	7	8	9	10
2	4	6	8	5
6	5	3	1	1
−5	−7	−9	−6	−5
6	5	8	5	6

점수		확인	

걸린시간 : _____ 분 _____ 초

1	2	3	4	5
5 1 1 2	1 2 5 0	5 0 3 1	2 0 1 5	7 1 1 0

6	7	8	9	10
3 0 5 1	6 0 1 1	2 1 1 5	1 5 0 1	6 0 1 2

점 수		확 인	

제25회 가감암산 2교시

제한시간 : 3분

걸린시간 : _____ 분 _____ 초

1	2	3	4	5
3	1	2	9	5
1	7	5	-4	4
5	-2	2	2	-3
-1	1	-3	2	1

6	7	8	9	10
6	4	5	1	7
1	-3	2	8	2
2	0	-1	-4	-4
-4	6	2	2	1

점수		확인	

걸린시간 : _____ 분 _____ 초

1	2	3	4	5
6	8	3	1	5
2	-6	6	8	4
-5	5	-7	-8	-7
6	1	7	5	5

6	7	8	9	10
2	4	9	7	8
5	5	-6	2	-7
-5	-8	5	-9	2
7	6	1	6	5

점수		확인	

제1회

2쪽_1교시
①9 ②9 ③7 ④9 ⑤7
⑥9 ⑦8 ⑧9 ⑨8 ⑩9

3쪽_2교시
①8 ②7 ③8 ④8 ⑤6
⑥5 ⑦8 ⑧9 ⑨9 ⑩4

4쪽_3교시
①9 ②6 ③8 ④7 ⑤9
⑥9 ⑦9 ⑧7 ⑨9 ⑩6

제2회

5쪽_1교시
①8 ②9 ③8 ④9 ⑤9
⑥9 ⑦9 ⑧9 ⑨9 ⑩9

6쪽_2교시
①5 ②9 ③8 ④7 ⑤6
⑥8 ⑦6 ⑧5 ⑨9 ⑩7

7쪽_3교시
①8 ②9 ③8 ④9 ⑤7
⑥6 ⑦9 ⑧7 ⑨7 ⑩4

제3회

8쪽_1교시
①9 ②7 ③9 ④8 ⑤9
⑥9 ⑦9 ⑧7 ⑨9 ⑩8

9쪽_2교시
①5 ②8 ③7 ④9 ⑤5
⑥9 ⑦7 ⑧7 ⑨7 ⑩9

10쪽_3교시
①8 ②9 ③9 ④6 ⑤8
⑥9 ⑦6 ⑧6 ⑨9 ⑩7

제4회

11쪽_1교시
①8 ②9 ③8 ④9 ⑤8
⑥8 ⑦9 ⑧8 ⑨9 ⑩9

12쪽_2교시
①6 ②8 ③7 ④9 ⑤5
⑥5 ⑦7 ⑧6 ⑨8 ⑩7

13쪽_3교시
①7 ②8 ③7 ④9 ⑤9
⑥8 ⑦7 ⑧9 ⑨9 ⑩6

제5회

14쪽_1교시
①9 ②9 ③8 ④9 ⑤9
⑥8 ⑦9 ⑧9 ⑨9 ⑩9

15쪽_2교시
①7 ②5 ③7 ④9 ⑤8
⑥6 ⑦9 ⑧8 ⑨9 ⑩8

16쪽_3교시
①7 ②9 ③8 ④8 ⑤9
⑥8 ⑦9 ⑧6 ⑨9 ⑩7

제6회

17쪽_1교시
①9 ②9 ③8 ④9 ⑤8
⑥9 ⑦7 ⑧9 ⑨8 ⑩9

18쪽_2교시
①7 ②7 ③5 ④7 ⑤7
⑥8 ⑦5 ⑧7 ⑨8 ⑩7

19쪽_3교시
①6 ②9 ③8 ④6 ⑤8
⑥9 ⑦8 ⑧9 ⑨2 ⑩6

제7회

20쪽_1교시
①8 ②9 ③9 ④9 ⑤4
⑥8 ⑦9 ⑧9 ⑨8 ⑩9

21쪽_2교시
①8 ②5 ③8 ④9 ⑤7
⑥9 ⑦8 ⑧5 ⑨7 ⑩8

22쪽_3교시
①8 ②9 ③5 ④8 ⑤7
⑥9 ⑦7 ⑧3 ⑨7 ⑩8

제8회

23쪽_1교시
①7 ②9 ③8 ④9 ⑤9
⑥9 ⑦8 ⑧9 ⑨9 ⑩4

24쪽_2교시
①8 ②5 ③9 ④6 ⑤7
⑥7 ⑦5 ⑧6 ⑨7 ⑩9

25쪽_3교시
①6 ②7 ③9 ④6 ⑤8
⑥9 ⑦9 ⑧8 ⑨9 ⑩7

제9회

26쪽_1교시
①9 ②8 ③8 ④8 ⑤9
⑥8 ⑦9 ⑧8 ⑨9 ⑩9

27쪽_2교시
①7 ②9 ③6 ④7 ⑤8
⑥8 ⑦7 ⑧6 ⑨8 ⑩8

28쪽_3교시
①9 ②7 ③7 ④9 ⑤7
⑥6 ⑦6 ⑧8 ⑨9 ⑩8

제10회

29쪽_1교시
①7 ②9 ③9 ④8 ⑤9
⑥8 ⑦9 ⑧9 ⑨8 ⑩9

30쪽_2교시
①6 ②9 ③5 ④7 ⑤9
⑥6 ⑦9 ⑧9 ⑨6 ⑩9

31쪽_3교시
①7 ②9 ③9 ④6 ⑤8
⑥9 ⑦7 ⑧9 ⑨6 ⑩8

제11회

32쪽_1교시

①9 ②8 ③9 ④8 ⑤9
⑥9 ⑦8 ⑧9 ⑨7 ⑩8

33쪽_2교시

①8 ②7 ③6 ④5 ⑤9
⑥6 ⑦7 ⑧8 ⑨8 ⑩7

34쪽_3교시

①9 ②7 ③6 ④9 ⑤8
⑥6 ⑦8 ⑧7 ⑨9 ⑩8

제12회

35쪽_1교시

①9 ②8 ③9 ④8 ⑤9
⑥8 ⑦8 ⑧9 ⑨7 ⑩9

36쪽_2교시

①8 ②8 ③6 ④7 ⑤8
⑥7 ⑦7 ⑧9 ⑨7 ⑩4

37쪽_3교시

①7 ②9 ③8 ④6 ⑤9
⑥8 ⑦6 ⑧7 ⑨6 ⑩9

제13회

38쪽_1교시

①8 ②9 ③9 ④8 ⑤9
⑥8 ⑦9 ⑧8 ⑨9 ⑩7

39쪽_2교시

①8 ②9 ③5 ④7 ⑤7
⑥7 ⑦6 ⑧9 ⑨6 ⑩7

40쪽_3교시

①9 ②7 ③9 ④6 ⑤9
⑥6 ⑦9 ⑧6 ⑨9 ⑩9

제14회

41쪽_1교시

①9 ②8 ③9 ④9 ⑤7
⑥9 ⑦7 ⑧9 ⑨9 ⑩8

42쪽_2교시

①8 ②8 ③8 ④6 ⑤7
⑥7 ⑦8 ⑧7 ⑨7 ⑩9

43쪽_3교시

①7 ②8 ③9 ④6 ⑤8
⑥9 ⑦8 ⑧7 ⑨7 ⑩8

제15회

44쪽_1교시

①9 ②9 ③4 ④7 ⑤9
⑥9 ⑦8 ⑧9 ⑨7 ⑩9

45쪽_2교시

①5 ②8 ③6 ④9 ⑤8
⑥6 ⑦9 ⑧8 ⑨5 ⑩7

46쪽_3교시

①6 ②9 ③7 ④8 ⑤5
⑥9 ⑦8 ⑧6 ⑨8 ⑩9

제16회

47쪽_1교시

①8 ②9 ③7 ④9 ⑤9
⑥8 ⑦9 ⑧8 ⑨9 ⑩8

48쪽_2교시

①6 ②8 ③7 ④5 ⑤9
⑥7 ⑦8 ⑧8 ⑨5 ⑩7

49쪽_3교시

①9 ②8 ③9 ④9 ⑤7
⑥6 ⑦9 ⑧8 ⑨7 ⑩7

제17회

50쪽_1교시

①9 ②8 ③9 ④8 ⑤9
⑥9 ⑦9 ⑧9 ⑨4 ⑩9

51쪽_2교시

①8 ②5 ③6 ④8 ⑤6
⑥7 ⑦8 ⑧9 ⑨6 ⑩9

52쪽_3교시

①7 ②7 ③9 ④8 ⑤6
⑥9 ⑦6 ⑧8 ⑨7 ⑩6

제18회

53쪽_1교시

①9 ②8 ③9 ④7 ⑤8
⑥9 ⑦8 ⑧9 ⑨8 ⑩9

54쪽_2교시

①8 ②7 ③8 ④6 ⑤8
⑥8 ⑦7 ⑧5 ⑨7 ⑩7

55쪽_3교시

①9 ②7 ③9 ④8 ⑤6
⑥8 ⑦9 ⑧6 ⑨8 ⑩6

제19회

56쪽_1교시

①9 ②8 ③9 ④8 ⑤9
⑥9 ⑦8 ⑧8 ⑨9 ⑩9

57쪽_2교시

①8 ②6 ③9 ④7 ⑤9
⑥5 ⑦7 ⑧8 ⑨8 ⑩6

58쪽_3교시

①7 ②9 ③9 ④7 ⑤7
⑥9 ⑦9 ⑧7 ⑨5 ⑩9

제20회

59쪽_1교시

①8 ②9 ③9 ④8 ⑤8
⑥8 ⑦9 ⑧9 ⑨9 ⑩9

60쪽_2교시

①5 ②5 ③8 ④7 ⑤8
⑥6 ⑦5 ⑧7 ⑨8 ⑩6

61쪽_3교시

①8 ②6 ③8 ④9 ⑤6
⑥9 ⑦7 ⑧7 ⑨8 ⑩7